华东两栖爬行类多样性保护研究系列

Herpetological Biodiversity Conservation Research Series in East China

浙江九龙山两栖动物

Amphibians in Zhejiang Jiulongshan National Natural Reverse

丁国骅　吴建华　郑伟成　郑子洪　主编

中国农业科学技术出版社

图书在版编目（CIP）数据

浙江九龙山两栖动物 / 丁国骅等主编 . —北京：中国
农业科学技术出版社，2021.4

ISBN 978-7-5116-5232-4

Ⅰ.①浙… Ⅱ.①丁… Ⅲ.①两栖动物—研究—浙江
Ⅳ.①Q959.508

中国版本图书馆 CIP 数据核字（2021）第 048644 号

责任编辑　张志花
责任校对　李向荣
责任印制　姜义伟　王思文

出　版　者　中国农业科学技术出版社
　　　　　　北京市中关村南大街 12 号　邮编：100081
电　　　话　（010）82106636（编辑室）　（010）82109702（发行部）
　　　　　　（010）82109709（读者服务部）
传　　　真　（010）82106631
网　　　址　http://www.castp.cn
经　销　者　各地新华书店
印　刷　者　北京科信印刷有限公司
开　　　本　210 毫米 × 285 毫米　1/16
印　　　张　11
字　　　数　140 千字
版　　　次　2021 年 4 月第 1 版　2021 年 4 月第 1 次印刷
定　　　价　168.00 元

Herpetological Biodiversity Conservation Research Series in East China

Amphibians in Zhejiang Jiulongshan National Natural Reverse

Ding Guohua, Wu Jianhua, Zheng Weicheng, Zheng Zihong

China Agricultural Science and Technology Press

《浙江九龙山两栖动物》
编委会

主　编　　丁国骅　　吴建华　　郑伟成　　郑子洪
副主编　　刘菊莲　　潘成椿　　郑英茂　　郭小华
　　　　　王　宇　　吴延庆　　陈巧尔　　胡华丽

编　委（按姓氏笔画排序）

　　　　　马　力　　冯　磊　　朱子安　　朱滨清
　　　　　李成惠　　杨晓君　　肖　燕　　汪艳梅
　　　　　陈智强　　陈静怡　　项亦展　　钟俊杰
　　　　　夏　丰　　唐战胜　　黄林平　　黄帮文
　　　　　曹志浩　　章雨希　　蔡臣臣　　廖建伟

九龙山榧 *Torreya grandis* var. *jiulongshanensis*

内容简介

　　本书为"浙江九龙山两栖动物多样性分布格局及生态遗传研究"（县校合作项目2019-H07）和"遂昌山区两栖类多样性的生态格局研究"（县校合作项目2020-H17）项目的部分研究成果。全书分总论和各论两部分内容。总论部分介绍了浙江九龙山的自然概况、两栖动物的物种组成和区系特征。各论部分收录了截至2020年在浙江九龙山国家级自然保护区内调查到的两栖动物2目9科24属36种，从各物种的分类地位、鉴别特征、模式产地、生境与习性、保护和濒危等级、九龙山种群状况等进行了一定的描述，并附有对应物种的全彩照片。

　　本书可为高等院校师生，农业、林业和野生动物保护管理工作者，以及中国两栖动物爱好者对该类群的调查研究提供一定参考。

九龙山山涧（祝育斌　摄）

前　言

　　浙江九龙山国家级自然保护区地处浙江省西南的遂昌县，属武夷山系仙霞岭山脉分支，介于北纬 $28°19'10''$～$28°24'43''$、东经 $118°49'38''$～$118°55'03''$，占地面积 $5\,525\,hm^2$，主峰海拔 $1\,724\,m$，为仙霞岭山脉最高峰，江浙第四高峰。保护区处于中纬度亚热带湿润季风气候区，山峦起伏，沟壑纵横，是典型的森林生态和野生生物类型自然保护区。保护区温暖湿润的气候条件和复杂的地形环境使其生物多样性突出，生物资源极其丰富，被称为"浙江省的生物基因宝库"，是武夷山生物多样性保护优先区域的重要组成部分。九龙山国家级自然保护区不仅是中国南北植物的汇聚之区和许多古老子遗植物的避难场所，而且还是黑麂分布中心的南缘和黄腹角雉分布北界的中心，在拯救和保护这两种濒危物种方面，具有其他自然保护区无可替代的地位。

　　浙江九龙山于 1983 年 9 月由浙江省人民政府批准建立为省级自然保护区，2003 年 6 月经国务院批准晋升为国家级自然保护区。自 20 世纪 80 年代起，杭州

师范大学、复旦大学、杭州大学（现浙江大学）、福建师范大学、浙江师范大学、浙江自然博物馆、南京师范大学、丽水学院、生态环境部南京环境科学研究所等单位相继开展了浙江九龙山自然保护区两栖动物资源的调查和研究，这些调查和研究的数据反映了区域内两栖动物的资源状况，为进一步深入开展两栖动物科研与保护工作奠定了一定的基础。

2016—2020 年，浙江九龙山国家级自然保护区管理中心（原管理局）和丽水学院的科研人员在原有调查的基础上联合开展了两栖动物资源的本底调查。依据保护区内水系、地貌、植被、生态环境等特点结合两栖动物的生活习性，在每年 3—11 月开展调查，在保护区内共布设了 15 条调查样线，徒步样线长度累计 150 km，其中，黄坛淤保护站样线 4 条（黄坛淤—四洲栏、四洲栏—上廖坑、七树岗—内北坪、七树岗—主峰），杨茂源保护站样线 6 条（杨茂源—排路下、排路下—岩坪、排路下—五主地、岩坪—岩背坑、岩坪—内九龙、岩坪—外九龙），陈坑保护站样线 3 条（陈坑—张坑口、张坑口—白水际、张坑口—长岗瀑布），西坑里保护站样线 2 条（西坑里—源大坑、西坑里—黄基坪）。此外，在杨茂源保护站区内区外共设置了 12 条 100～500 m 包含溪流、人工沟渠、水田等生境类型的固定样线实施长期监测，在岩坪和黄基坪设置崇安髭蟾（九龙山种群）长期监测样区。本次调查收集到大量生境和物种的高清照片，丰富了浙江九龙山两栖动物资料，在此基础上编写了《浙江九龙山两栖动物》。本书为九龙山自然保护区两栖动物多样性编目、科学保护及生态研究提供了基础资料，为中国构建生态廊道和生物多样性保护网络、提升生态系统质量和稳定性提供了本底资料，为自然保护区开展宣传教育、科学普及以及本地中小学研学提供了参考教材。

本书采用了"中国两栖类"信息系统（2021）和 Amphibian Species of the

九龙山风光（潘家伟　摄）

World 6.1（2021）对所调查到的两栖动物进行分类。通过梳理本次调查结果，整合历史两栖动物调查资料，截至 2020 年，浙江九龙山自然保护区共记录两栖动物 36 种，隶属于 2 目 9 科 24 属。物种濒危等级依据《中国脊椎动物红色名录》（2016），物种保护名录按照《国家重点保护野生动物名录》（2021）和《浙江省重点保护陆生野生动物名录》（2016）。本书分析了浙江九龙山保护区内两栖动物的物种组成、区系特征、濒危状况及生态类型，对各物种的分类地位、鉴别特征、生境与习性及九龙山的种群状况等进行了描述，并附有对应物种的全彩照片。

本次调查得到"浙江九龙山两栖动物多样性分布格局及生态遗传研究"（县校合作项目 2019-H07）和"遂昌山区两栖类多样性的生态格局研究"（县校合作项目 2020-H17）项目的经费支持，在项目开展过程中得到了浙江九龙山国家级自然保护区管理局周惠龙原副局长的支持，并得到了相关科研科室和保护站同志的协助。丽水学院生态学院两栖动物多样性调查实验室（ADI）张威、洪伟、覃诗亮、胡英超、王莹莹、唐韵、俞耀飞、武妍锟、亓洪泽、林友福、胡邵丰、沈雷、徐静、陈佳梦、李靖、尧袁、鞠宇航、周逸楠、张东升、章雅君、张池莹、刘明轩、项姿勇等同学及蛙盟工作室成员参与了野外调查与数据整理工作。温州大学计翔教授对书稿提出了宝贵的建议。在此一并表示最诚挚的谢意！

由于水平有限，尽管极其仔细认真地编写，但书中也难免存在不足之处，欢迎读者和同行批评指正。

2021 年 1 月

九龙山风光（章建辉 摄）

目 录

第一章

总 论

第一节　浙江九龙山自然概况

浙江九龙山国家级自然保护区位于浙、闽、赣三省毗邻地带的遂昌县西南部，与福建浦城、浙江龙泉接壤，属武夷山系仙霞岭山脉的一个分支，是钱塘江水系的最南端源头。地理坐标介于东经118°49′38″~118°55′03″、北纬28°19′10″~28°24′43″，主峰海拔 1 724 m，为江浙第四高峰。主要

九龙山风光（章建辉　摄）

保护对象为中亚热带森林生态系统和珍稀动植物。保护区自然环境优越，生物资源丰富，珍稀物种繁多，生态系统完整，森林覆盖率98.8%。保护区总面积5 525 hm²，其中核心区面积1 531 hm²，缓冲区面积1 630 hm²，实验区面积2 364 hm²。1983年9月，浙江省人民政府批准建立九龙山省级自然保护区，属森林生态和野生生物类型自然保护区。2003年6月，经国务院批准晋升为国家级自然保护区。区内谷深坡陡，峰峦耸峙，密林遮蔽，地形复杂，是我国东部极少保留原始状态天然植被的区域之一。浙江九龙山国家级自然保护区是中国35个内陆及水域生物多样性保护优先区域之一——武夷山生物多样性保护优先区域的重要组成部分。浙江九龙山国家级自然保护区被许多专家、学者称为"浙江省的生物基因宝库"，其生物多样性的保护受到人们的广泛关注。

一、地质地貌

九龙山自然保护区的大地构造位置处在江山—绍兴深断裂的东南侧，所处的一至三级大地构造单元依次为华南褶皱系、浙东南褶皱带、丽水—宁波隆起。本区的地质建造以中生代早白垩世早期大规模的火山爆发、岩浆喷溢及后期的岩浆侵入为主。由于太平洋板块的强烈俯冲作用，区内的岩浆作用达到全盛时期从而形成了以火山构造为中心的火山爆发、岩浆喷溢和侵入作用，形成了厚度巨大、分布面积广的火山岩；尤其是分布在九龙山西南侧的侵出相流纹质碎斑熔岩岩体规模大，形成的环境与过程介于侵入岩与喷出岩之间，岩体的内部相带、过渡相带和外部相带分带显著，颇具区域特色。早白垩世晚期后进入了全面抬升、遭受风化剥蚀阶段，在风化、剥蚀、重力崩塌等外力地质作用下，形成了现今的沟谷纵横、峰峦叠嶂的中山地貌和较丰富的地质遗迹。

保护区内山体走向呈东北—西南向，大部分地区的海拔都超过1 000 m，其中海拔超过1 500 m的山峰有37座。由于长期遭受风化剥蚀、流水侵蚀和重力崩塌，导致山地陡峭、坡度大，陡坡分布广，切割深度一般在800~1 000 m，为形成九龙山的垂直带谱创造了地形条件。

九龙山风光（章建辉　摄）

二、气候

　　九龙山自然保护区属中纬度亚热带湿润季风气候，四季分明，雨水充沛，日照充足，相对湿度较高。区内山峦起伏，沟壑纵横，云海茫茫。复杂的地形，形成了丰富多样的气候环境。总体上看，九龙山自然保护区的气候具有垂直地带性、雨季和干季明显、山顶风大、气候变化复杂、南北坡气候差异较大等特征。

　　据环保部门监测，九龙山区域空气几乎未受人为污染，空气质量符合国家《环境空气质量标准》（GB3095—1996）的一级标准，空气质量状况优良，人体舒适度指数高。

九龙山风光（潘家伟　摄）

三、土壤

九龙山自然保护区土壤成土条件受温暖湿润气候影响，植被为古老落叶常绿阔叶混交林，母质为中生代酸性火山岩风化物，成土时间长，人为影响少。土壤发育特点是富铝化作用显著，有机质转化迅速。黏粒矿物以多水高岭土和三水铝土为主，腐殖质组成以富里酸占优势；土层深厚，黏质粗松，有机质、全氮及钾素丰富，土壤类型属中亚热带"山地红黄壤"。

区内林地植物生长量大，生物与土壤间的物质和能量交换十分活跃，土壤有机质积累明显。在植被覆盖度较高的条件下，因每年积累了大量的生物残体，使地表腐殖质层上形成厚度不等的枯枝落叶层。同时，由于植被覆盖度高，生物量较大，森林土壤有机质积累具有向深层土壤发展的趋势。九龙山自然保护区的森林土壤是陆地生态系统中主要的碳库，这些土壤有机质含量较高且分布较深，其有机碳含量和贮藏量明显高于外围农地。

四、水文

九龙山自然保护区属钱塘江水系，是钱塘江最南端源头乌溪江的集水区。整个水系呈羽翅状，形成"九脊六沟"，从东西两个方向流入毛阳溪、周公源和碧龙源，再汇合于湖南镇水库，流入钱塘江上游的乌溪江。在特殊的地理气候环境影响下，保护区内河流蜿蜒曲折，源短流急，受降雨控制十分明显，有暴涨暴落、蓄洪时间短的特点。保护区水资源丰富，水资源总量呈丰枯交替变化，与降水量的变化基本一致，秋冬季少于春夏季，汛期多于非汛期。

保护区内森林植被丰富，对大气和降水中的污染物具有一定的吸附、净化作用，对区域内水质的提高有积极作用。另外，保护区内人类活动非常少，完全不受工业活动影响，水流清澈，溶氧量高，水质良好。经检测分析，保护区内水质已达到《地表水环境质量标准》（GB 3838—2002）Ⅰ类水质标准和《生活饮用水卫生标准》（GB 5749—2006），经简单处理消毒后即可供生活饮用。

五、生物资源

九龙山山涧（祝育斌　摄）

　　九龙山自然保护区生物多样性突出，生物资源极其丰富。温暖湿润的气候条件和复杂的地形环境，使九龙山自然保护区成为中国南北植物的汇聚之区和许多古老孑遗植物的避难场所，植物种类十分丰富，植物区系呈现南北过渡、东西相承的特点。据考察，目前保护区已知有非维管束植物384属804种，其中，苔藓植物65科185属436种，地衣58属159种，大型真菌13目38科101属209种；已知有维管束植物（蕨类、种子植物）179科684属1569种，其中，蕨类植物35科73属227种，种子植物144科611属1342种，分别占浙江省种子植物科的80.4%、属的52.9%、种的41.4%。

　　同时，九龙山自然保护区优良的森林生态环境，为野生动物的栖息、繁衍提供了良好的条件，是野生动物天然的避难场所。据不完全统计，保护区已知的无脊椎动物有114科491属681种，脊椎动物有29目83科214属316种。两栖类、爬行类、鸟类和兽类物种数分别占浙江省总数的77.3%、59.8%、30.2%和60.6%。

九龙山山涧（毛利民　摄）

1. 植物资源

　　九龙山自然保护区内分布着各种类型的青冈林，这里是研究亚热带常绿阔叶林典型代表青冈群系的最理想场所；成片的黑山山矾林、银鹊树林、长序榆林和亮叶水青冈林与其他地区相比，较为罕见；山脊线上绵延数千米的猴头杜鹃，是中国东部保存最好的矮曲林景观，花开时节，蔚为壮观。区内保存有南方红豆杉、伯乐树、莼菜 3 种国家一级重点保护植物，九龙山榧、白豆杉、连香树等 17 种国家二级重点保护植物，以及多个以珍稀濒危植物为优势种形成的稀有群落。同时九龙山自然保护区也是九龙山景天等 38 种植物模式标本的原产地。

九龙山榧 *Torreya grandis* var. *jiulongshanensis*

2. 动物资源

九龙山自然保护区内有黑麂、黄腹角雉、白颈长尾雉、云豹和豹5种国家一级重点保护动物、黑熊、猕猴、藏酋猴、穿山甲、白鹇和大鲵等43种国家二级重点保护动物，另有一大批省级重点保护动物。九龙山还是九龙棘蛙等7种动物模式标本的原产地。其中尤为突出的是，九龙山自然保护区是中国特有的世界性受威胁物种黑麂的最重要分布中心和最大野生种群集中分布区，也是另一中国特有的世界性受威胁物种黄腹角雉的最重要栖息地和最集中分布地之一。在拯救、保护上述两种珍稀濒危物种方面，九龙山自然保护区具有其他自然保护区无可替代的地位。

黑麂 *Muntiacus crinifrons*

第二节 九龙山两栖动物物种组成概况

一、物种组成

顾辉清（1980）在《九龙山地区脊椎动物资源考察初步报告》中记录了常见的两栖动物19种，初步估计有30种左右。刘宝和（1989）从王村口到九龙山主峰周围进行调查，报道了九龙山两栖动物26种，隶属于2目8科11属。2013年出版的《九龙山国家级自然保护区志》中记载了两栖动物34种，隶属于2目8科20属。陈智强等（2018）在九龙山实验区采集到凹耳臭蛙（*Odorrana tormota*）1只。陈智强等（2020）在九龙山核心区采集到姬蛙属物种31只，经形态比较和分子鉴定，确定为北仑姬蛙（*Microhyla beilunensis*）。2016—2020年的保护区全域调查共发现两栖动物32种，隶属于2目9科22属，与历史记录相比，凹耳臭蛙、北仑姬蛙为保护区新增记录；中国瘰螈（*Paramesotriton chinensis*）、东方蝾螈（*Cynops orientalis*）、崇安湍蛙（*Amolops chunganensis*）和金线侧褶蛙（*Pelophylax plancyi*）4个物种未被调查到。中国大鲵（*Andrias davidianus*）则为保护区人工养殖的放归个体。据统计，浙江九龙山自然保护区内共记录两栖动物36种，隶属于2目9科24属，其中隐鳃鲵科（Cryptobranchidae）1种，蟾蜍科（Bufonidae）、雨蛙科（Hylidae）和树蛙科（Rhacophoridae）各2种，蝾螈科（Salamandridae）和姬蛙科（Microhylidae）各3种，角蟾科（Megophryidae）4种，叉舌蛙科（Dicroglossidae）5种，蛙科（Ranidae）14种（图1-1）。

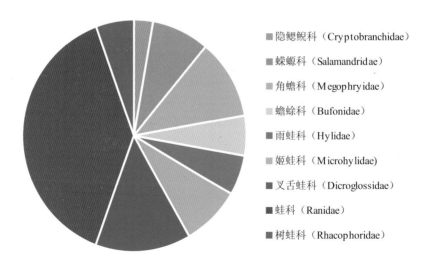

图1-1 九龙山两栖动物物种组成情况

二、区系特征

从两栖动物在黄坛淤、杨茂源、陈坑和西坑里 4 个保护站管辖区域被调查到的情况来看，崇安髭蟾（*Leptobrachium liui*）、淡肩角蟾（*Megophrys boettgeri*）、中华蟾蜍（*Bufo gargarizans*）、黑眶蟾蜍（*Duttaphrynus melanostictus*）、饰纹姬蛙（*Microhyla fissipes*）、泽陆蛙（*Fejervarya multistriata*）、九龙棘蛙（*Quasipaa jiulongensis*）、棘胸蛙（*Quasipaa spinosa*）、武夷湍蛙（*Amolops wuyiensis*）、弹琴蛙（*Nidirana adenopleura*）、大绿臭蛙（*Odorrana graminea*）、天目臭蛙（*Odorrana tianmuii*）、布氏泛树蛙（*Polypedates braueri*）和大树蛙（*Zhangixalus dennysi*）14 种在 4 个区域均有分布；黑斑肥螈（*Pachytriton brevipes*）、福建掌突蟾（*Leptobrachella liui*）、挂墩角蟾（*Megophrys kuatunensis*）、沼水蛙（*Hylarana guentheri*）和阔褶水蛙（*Hylarana latouchii*）5 种在其中 3 个区域被调查到；中国大鲵、小弧斑姬蛙（*Microhyla heymonsi*）、小竹叶蛙（*Odorrana exiliversabilis*）、虎纹蛙（*Hoplobatrachus chinensis*）和黑斑侧褶蛙（*Pelophylax nigromaculatus*）5 种在其中两个区域被发现；中国雨蛙（*Hyla chinensis*）、三港雨蛙（*Hyla sanchiangensis*）、北仑姬蛙、福建大头蛙（*Limnonectes fujianensis*）、华南湍蛙（*Amolops ricketti*）、天台粗皮蛙（*Glandirana tientaiensis*）、凹耳臭蛙和镇海林蛙（*Rana zhenhaiensis*）8 种仅在一个区域被观测到（表 1-1）。

根据中国动物地理区划，浙江九龙山自然保护区属于仙霞岭山脉，位于东洋界华中区。从地理型分析，在东洋界华中和华南区分布的物种最多，共 18 种，占总物种数的 50%；华中、华南和西南区均有分布的有 9 种，占总物种数的 25%。东洋界和古北界均有分布的广布种有 7 种，占总种数的 19.4%（表 1-1）。

在浙江九龙山自然保护区内所记录的 36 种两栖动物中，中国特有种有 23 种，包括中国大鲵、黑斑肥螈、中国瘰螈、东方蝾螈、福建掌突蟾、崇安髭蟾、淡肩角蟾、挂墩角蟾、三港雨蛙、北仑姬蛙、福建大头蛙、九龙棘蛙、棘胸蛙、崇安湍蛙、武夷湍蛙、天台粗皮蛙、阔褶水蛙、弹琴蛙、小竹叶蛙、天目臭蛙、凹耳臭蛙、金线侧褶蛙和镇海林蛙（表 1-1）。

表 1–1　九龙山两栖动物的地理分布、区系及中国特有种情况

序号	两栖动物物种名	调查分布区				区系							中国特有种
						东洋界			古北界				
		黄坛淤	杨茂源	陈坑	西坑里	华中	华南	西南	东北	华北	蒙新	青藏	
01	中国大鲵 *Andrias davidianus*	★	☆			◆		◆		◇		◇	●
02	黑斑肥螈 *Pachytriton brevipes*	★	☆		□	◆							●
03	中国瘰螈 *Paramesotriton chinensis*					◆							●
04	东方蝾螈 *Cynops orientalis*					◆							●
05	福建掌突蟾 *Leptobrachella liui*	★	☆		□	◆							●
06	崇安髭蟾 *Leptobrachium liui*	★	☆	■	□	◆							●
07	淡肩角蟾 *Megophrys boettgeri*	★	☆	■	□	◆							●
08	挂墩角蟾 *Megophrys kuatunensis*	★		■	□	◆							●
09	中华蟾蜍 *Bufo gargarizans*	★	☆	■	□	◆	◆	◆	◇	◇	◇	◇	
10	黑眶蟾蜍 *Duttaphrynus melanostictus*	★	☆	■	□	◆	◆	◆					
11	中国雨蛙 *Hyla chinensis*		☆			◆	◆						
12	三港雨蛙 *Hyla sanchiangensis*		☆			◆							●
13	北仑姬蛙 *Microhyla beilunensis*		☆			◆							●
14	饰纹姬蛙 *Microhyla fissipes*	★	☆	■	□	◆	◆	◆		◇			
15	小弧斑姬蛙 *Microhyla heymonsi*		☆	■		◆	◆						
16	泽陆蛙 *Fejervarya multistriata*	★	☆	■	□	◆	◆	◆		◇		◇	
17	虎纹蛙 *Hoplobatrachus chinensis*		☆		□	◆	◆	◆					
18	福建大头蛙 *Limnonectes chinensis*				□	◆							●
19	九龙棘蛙 *Quasipaa jiulongensis*	★	☆	■		◆							●
20	棘胸蛙 *Quasipaa spinosa*	★	☆	■		◆	◆						●
21	崇安湍蛙 *Amolops chunganensis*					◆							●
22	华南湍蛙 *Amolops ricketti*		☆			◆	◆						
23	武夷湍蛙 *Amolops wuyiensis*	★	☆	■	□	◆							●
24	天台粗皮蛙 *Glandirana tientaiensis*	★				◆							●
25	沼水蛙 *Hylarana guentheri*		☆	■	□	◆	◆	◆					
26	阔褶水蛙 *Hylarana latouchii*	★	☆		□	◆	◆						●
27	弹琴蛙 *Nidirana adenopleura*	★	☆	■	□	◆	◆						●
28	小竹叶蛙 *Odorrana exiliversabilis*	★	☆			◆							●
29	大绿臭蛙 *Odorrana graminea*	★	☆	■	□	◆	◆						
30	天目臭蛙 *Odorrana tianmuii*	★	☆	■	□	◆							●
31	凹耳臭蛙 *Odorrana tormota*	★				◆							●
32	黑斑侧褶蛙 *Pelophylax nigromaculatus*		☆	■		◆	◆	◆	◇	◇			
33	金线侧褶蛙 *Pelophylax plancyi*					◆	◆		◇	◇			●
34	镇海林蛙 *Rana zhenhaiensis*	★				◆							●
35	布氏泛树蛙 *Polypedates braueri*	★	☆	■	□	◆	◆	◆				◇	
36	大树蛙 *Zhangixalus dennysi*	★	☆	■	□	◆	◆	◆					

三、保护和濒危物种

按照《国家重点保护野生动物名录》（2021）和《浙江省重点保护陆生野生动物名录》（2016），浙江九龙山自然保护区有国家重点保护两栖动物 3 种，中国大鲵、中国瘰螈和虎纹蛙为国家二级保护动物；黑斑肥螈、中国瘰螈、东方蝾螈、崇安髭蟾、三港雨蛙、中国雨蛙、九龙棘蛙、棘胸蛙、崇安湍蛙、天台粗皮蛙、沼水蛙、大绿臭蛙、天目臭蛙、凹耳臭蛙和大树蛙 15 种为浙江省重点保护两栖动物（表 1-2）。参考《中国脊椎动物红色名录》（2016）的物种濒危等级，中国大鲵为极危（critically endangered, CR）物种，虎纹蛙为濒危（endangered, EN）物种，九龙棘蛙、棘胸蛙和凹耳臭蛙 3 种为易危（vulnerable, VU）物种，中国瘰螈、东方蝾螈、崇安髭蟾、福建大头蛙、天台粗皮蛙、小竹叶蛙和黑斑侧褶蛙 7 种为近危（near threatened, NT）物种。受威胁物种（包括 CR、EN 和 VU）占总物种数的 13.89%。其余有无危（least concern, LC）物种 23 种，数据缺乏（data deficient, DD）物种 1 种（图 1-2）。

表 1-2　九龙山两栖动物保护等级和濒危等级情况

序号	两栖动物物种名	国家重点野生保护动物	浙江省重点保护陆生野生动物	中国脊椎动物红色名录
01	中国大鲵 *Andrias davidianus*	二级		CR
02	黑斑肥螈 *Pelophylax nigromaculatus*		※	
03	中国瘰螈 *Paramesotriton chinensis*	二级	※	NT
04	东方蝾螈 *Cynops orientalis*		※	NT
05	崇安髭蟾 *Leptobrachium liui*		※	NT
06	中国雨蛙 *Hyla chinensis*		※	
07	三港雨蛙 *Hyla sanchiangensis*		※	
08	虎纹蛙 *Hoplobatrachus chinensis*	二级		EN
09	福建大头蛙 *Limnonectes fujianensis*			NT
10	九龙棘蛙 *Quasipaa jiulongensis*		※	VU
11	棘胸蛙 *Quasipaa spinosa*		※	VU
12	崇安湍蛙 *Amolops chunganensis*		※	
13	天台粗皮蛙 *Glandirana tientaiensis*		※	NT
14	沼水蛙 *Hylarana guentheri*		※	
15	小竹叶蛙 *Odorrana exiliversabilis*			NT
16	大绿臭蛙 *Odorrana graminea*		※	
17	天目臭蛙 *Odorrana tianmuii*		※	
18	凹耳臭蛙 *Odorrana tormota*		※	VU
19	黑斑侧褶蛙 *Pelophylax nigromaculatus*			NT
20	大树蛙 *Zhangixalus dennysi*		※	

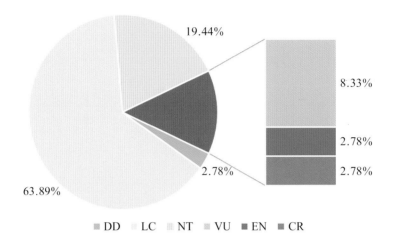

图 1-2　九龙山两栖动物物种濒危等级比例

四、生态类型

根据两栖动物成体的主要栖息地，结合其产卵、蝌蚪及幼体生活的水域状态，可将浙江九龙山自然保护区的两栖动物分为 5 种生态类型。

（1）静水型：整个个体发育完全在静水水域中的种类，有东方蝾螈、弹琴蛙、沼水蛙和福建大头蛙，共 4 种。

（2）陆栖－静水型：非繁殖期成体多营陆生而胚胎发育及变态在静水水域中的种类，有中华蟾蜍、黑眶蟾蜍、北仑姬蛙、饰纹姬蛙、小弧斑姬蛙、泽陆蛙、虎纹蛙、阔褶水蛙、天台粗皮蛙、金线侧褶蛙、黑斑侧褶蛙和镇海林蛙，共 12 种。

（3）流水型：整个个体发育完全在流水水域中的种类，有中国大鲵、黑斑肥螈、中国瘰螈、崇安髭蟾、崇安湍蛙、华南湍蛙、武夷湍蛙、小竹叶蛙、大绿臭蛙、天目臭蛙、凹耳臭蛙、九龙棘蛙和棘胸蛙，共 13 种。

（4）陆栖－流水型：非繁殖期成体多营陆生而胚胎发育及变态在流水水域的种类，有福建掌突蟾、淡肩角蟾、挂墩角蟾，共 3 种。

（5）树栖型：成体以树栖为主，胚胎发育及变态在静水水域的种类，有中国雨蛙、三港雨蛙、布氏泛树蛙和大树蛙，共 4 种。

第二章
九龙山两栖动物
各论

中国大鲵 *Andrias davidianus* (Blanchard, 1871)

英文名：Chinese Giant Salamander

别　称：娃娃鱼

【分 类 地 位】有尾目 Caudata　隐鳃鲵科 Cryptobranchidae　大鲵属 *Andrias*

【鉴 别 特 征】体大，全长一般 100 cm 左右；头躯扁平，尾侧扁。眼小，无眼睑，体侧有明显的与体轴平行的纵行厚肤褶；每 2 个小疣粒紧密排列成对。

【模 式 产 地】中国四川省江油县。

【生 境 与 习 性】生活于海拔 200~1 500 m 山区溪流深潭或地下溶洞中，昼伏夜出，食性广。繁殖期为 7—9 月。

【濒危和保护等级】极危（CR），国家二级重点保护野生动物。

【种 群 现 状】中国特有种，罕见。

中国大鲵

中国大鲵

中国大鲵

中国大鲵

黑斑肥螈 *Pachytriton brevipes* (Sauvage, 1876)

英文名：Black-spotted Stout Newt
别　称：四脚鱼
【分 类 地 位】有尾目 Caudata　蝾螈科 Salamandridae　肥螈属 *Pachytriton*
【鉴 别 特 征】皮肤光滑；唇褶明显；体形肥硕，背腹面略平扁；背面及两侧青黑或棕褐色，
　　　　　　　周身满布深色圆斑。
【模 式 产 地】中国江西省东部武夷山区。
【生 境 与 习 性】生活于海拔 800~1 700 m 山区较为陡峭的小溪内。成螈以水栖为主，昼伏夜出，
　　　　　　　主要捕食蜉蝣目、鳞翅目、双翅目、鞘翅目等昆虫及其他小动物。繁殖期为
　　　　　　　5—8 月。
【濒危和保护等级】无危（LC），浙江省重点物种。
【种 群 现 状】中国特有种，稀少。

黑斑肥螈

黑斑肥螈

黑斑肥螈

黑斑肥螈

中国瘰螈 *Paramesotriton chinensis* (Gray, 1859)

英文名：Chinese Warty Newt
别　称：水和尚、小娃娃鱼

【 分 类 地 位 】有尾目 Caudata　蝾螈科 Salamandridae　瘰螈属 *Paramesotriton*

【 鉴 别 特 征 】背面有一条浅色脊纹或无；腹面色深有浅色斑；吻长与眼径几乎等长；雄螈尾侧无斑；指、趾无缘膜。

【 模 式 产 地 】中国浙江省宁波市内陆。

【 生 境 与 习 性 】亚成体常见于丘陵山区，陆栖生活，成体繁殖季节生活于海拔 30~850 m 丘陵山区较为宽阔的溪流中，水流较为缓慢，溪内多有小石块和泥沙。昼伏夜出，食性广，以螺类为主食。繁殖期为 5—6 月。

【濒危和保护等级】近危（NT），国家二级重点保护野生动物；浙江省重点物种。

【 种 群 现 状 】中国特有种，罕见。

朱滨清　摄

朱滨清 摄

朱滨清 摄

东方蝾螈 *Cynops orientalis* (David, 1873)

英文名：Oriental Fire-bellied Newt

别　　称：四脚鱼

【分 类 地 位】有尾目 Caudata　蝾螈科 Salamandridae　蝾螈属 *Cynops*

【鉴 别 特 征】体型较小，体背面黑色显蜡样光泽，一般无斑纹；腹面橘红色或朱红色，其上有黑斑点。

【模 式 产 地】中国浙江省衢州市。

【生 境 与 习 性】生活于海拔 30~1 000 m 的山区，多栖于有水草的静水塘、泉水凼和稻田及其附近。昼伏夜出，主要捕食蚊蝇幼虫、蚯蚓及其他水生小动物。繁殖期为 3—7 月，5 月为繁殖高峰期。

【濒危和保护等级】近危（NT），浙江省重点物种。

【种 群 现 状】中国特有种，罕见。

陈浩骏　摄

陈浩骏　摄

东方蝾螈

东方蝾螈

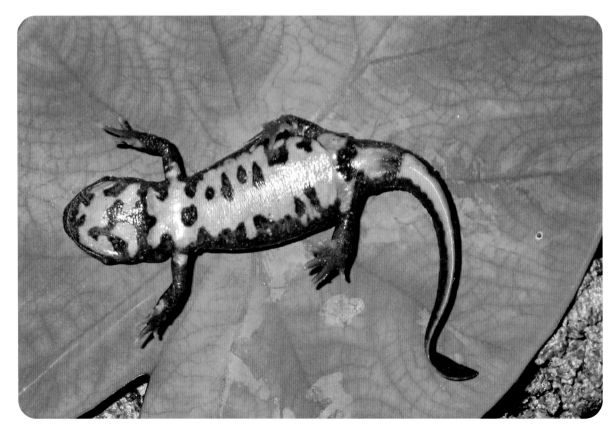

东方蝾螈

福建掌突蟾 *Leptobrachella liui* (Fei and Ye, 1990)

英文名：Fujian Metacarpal-tubercled Toad

别　称：暂无

【 分 类 地 位 】 无尾目 Anura　角蟾科 Megophryidae　掌突蟾属 *Leptobrachella*

【 鉴 别 特 征 】 与高山掌突蟾相似，趾侧均具缘膜。本种体腹面无斑或略显小云斑；股腺大而明显，距膝关节远；趾侧缘膜甚宽；蝌蚪尾部略显浅灰色斑或无斑。

【 模 式 产 地 】 中国福建省武夷山市。

【 生 境 与 习 性 】 生活于海拔 330~1 600 m 的山区溪流附近。5—6 月成蟾白天多隐蔽于石下，溪边草丛中，夜间常在灌木叶片上、枯竹竿或沟边石上，以鳞翅目、鞘翅目、膜翅目等昆虫及其他小动物为食。繁殖期为 6—8 月。

【濒危和保护等级】 无危（LC）。

【 种 群 现 状 】 中国特有种，稀少。

福建掌突蟾

福建掌突蟾

崇安髭蟾 *Leptobrachium liui* (Pope, 1947)

英文名：Chong'an Moustache Toad

别　称：角怪

【分 类 地 位】无尾目 Anura　角蟾科 Megophryidae　拟髭蟾属 *Leptobrachium*

【鉴 别 特 征】与雷山髭蟾外形相近，但本种体型较大，繁殖季节雄蟾下唇缘一般有黑色角质
　　　　　　　　刺2枚或4枚；有单咽下内声囊。

【模 式 产 地】中国福建省武夷山市三港。

【生 境 与 习 性】生活于海拔800~1 600 m林木繁茂的山区，主要植被为常绿阔叶树种和竹类。
　　　　　　　　成蟾营陆栖生活，常栖息在溪流附近的草丛、土穴内或石块下，在农耕地内也
　　　　　　　　可见到。繁殖期为11—12月。

【濒危和保护等级】近危（NT），浙江省重点物种。

【种 群 现 状】中国特有种，稀少。

崇安髭蟾

崇安髭蟾

崇安髭蟾

淡肩角蟾 *Megophrys boettgeri* (Boulenger, 1899)

英文名：Pale-shouldered Horned Toad

别　称：暂无

【 分 类 地 位 】无尾目 Anura　角蟾科 Megophryidae　角蟾属 *Megophrys*

【 鉴 别 特 征 】本种与小角蟾相似。淡肩角蟾背面肩部有大的浅色半圆斑。

【 模 式 产 地 】中国福建省武夷山市挂墩。

【 生 境 与 习 性 】生活于海拔 330~1 600 m 的山区溪流附近。5—6 月成体白天多隐蔽于石下、溪边草丛中，夜间常在灌木叶片上、枯竹竿或沟边石上，以鳞翅目、鞘翅目、膜翅目等昆虫及其他小动物为食。繁殖期为 6—8 月。

【濒危和保护等级】无危（LC）。

【 种 群 现 状 】中国特有种，一般。

淡肩角蟾

淡肩角蟾

淡肩角蟾

淡肩角蟾

挂墩角蟾 *Megophrys kuatunensis* Pope, 1929

英文名：Kuatun Horned Toad

别　称：暂无

【 分 类 地 位 】无尾目 Anura　角蟾科 Megophryidae　角蟾属 *Megophrys*

【 鉴 别 特 征 】体背面一般为棕红色，背部 "X" 形斑均显著，并镶有橙黄色边。 其外形与小
角蟾相近。本种体型较小；后肢较短，胫跗关节仅达眼后角与鼓膜之间。

【 模 式 产 地 】中国福建省武夷山市挂墩。

【 生 境 与 习 性 】生活于海拔 600~1 300 m 的山区溪流两旁草丛中。 成体在夜间常蹲在石头上或
草丛中鸣叫，发出 "呷、呷" 的鸣叫声，每次连续 5 声，有节奏地重复鸣叫；
稍受惊扰，立即停叫。以鳞翅目、鞘翅目和膜翅目等昆虫及其他小动物为食。
繁殖期为 8 月。

【濒危和保护等级】无危（LC）。

【 种 群 现 状 】中国特有种，稀少。

挂墩角蟾

挂墩角蟾

挂墩角蟾

挂墩角蟾

中华蟾蜍 *Bufo gargarizans* **Cantor, 1842**

英文名：Chusan Island Toad

别　　称：癞疙疱、癞蛤蟆

【分 类 地 位】无尾目 Anura　蟾蜍科 Bufonidae　蟾蜍属 *Bufo*

【鉴 别 特 征】体肥大，皮肤很粗糙，背面满布圆形瘰疣。本种与圆疣蟾蜍外形相近似，但本种体腹面深色斑纹很明显，腹后部有一个深色大斑块。

【模 式 产 地】中国浙江省舟山群岛。

【生 境 与 习 性】生活于海拔 120~4 300 m 的多种生态环境中。除冬眠和繁殖期栖息于水中外，多在陆地草丛、地边、山坡石下或土穴等潮湿环境中栖息。黄昏后外出捕食，其食性较广，以昆虫、蚁类、蜗牛、蚯蚓及其他小动物为主。成蟾在 9—10 月进入水中或松软的泥沙中冬眠，翌年 1—4 月出蛰（南方早，北方晚）即进入静水域内繁殖。繁殖期因地而异，为 1—6 月。

【濒危和保护等级】无危（LC）。

【种 群 现 状】常见。

中华蟾蜍

中华蟾蜍

中华蟾蜍

中华蟾蜍

黑眶蟾蜍 *Duttaphrynus melanostictus* (Schneider, 1799)

英文名：Black-spectacled Toad

别　　称：癞蛤蟆、蛤巴、癞疙疱、蟾蜍

【分类地位】无尾目 Anura　蟾蜍科 Bufonidae　头棱蟾属 *Duttaphrynus*

【鉴别特征】吻棱及上眼睑内侧黑色骨质棱明显；鼓膜大而显著；有鼓上棱，耳后腺不紧接眼后；雄蟾有内声囊。

【模式产地】印度。

【生境与习性】生活于海拔 10~1 700 m 的多种环境内，非繁殖期该蟾营陆栖生活，常活动在草丛、石堆、耕地、水塘边及住宅附近。行动缓慢，匍匐爬行。昼伏夜出，常在灯光下捕食害虫，食性广。繁殖期为 7—8 月。

【濒危和保护等级】无危（LC）。

【种群现状】常见。

黑眶蟾蜍

黑眶蟾蜍

黑眶蟾蜍

中国雨蛙 *Hyla chinensis* Günther, 1858

英文名：Chinese Tree Toad

别　称：绿猴、雨怪、小姑鲁门、雨鬼、中国树蟾

【 分 类 地 位 】无尾目 Anura　雨蛙科 Hylidae　雨蛙属 *Hyla*

【 鉴 别 特 征 】眼后鼓膜上、下方棕色细线纹在肩部汇合成三角形斑；体侧、股前后方有大小不等的黑斑点。

【 模 式 产 地 】中国。

【 生 境 与 习 性 】生活于海拔 200~1 000 m 低山区。白天多匍匐在石缝或洞穴内，隐蔽在灌丛、芦苇、美人蕉以及高秆作物上。夜晚多栖息于植物叶片上鸣叫，头向水面，鸣声连续音高而急。成蛙捕食蟑、金龟子、象鼻虫、蚁类等小动物。9 月下旬开始冬眠，翌年 3 月下旬出蛰。繁殖期为 4—5 月。

【濒危和保护等级】无危（LC），浙江省重点物种。

【 种 群 现 状 】一般。

中国雨蛙

中国雨蛙

三港雨蛙 *Hyla sanchiangensis* Pope, 1929

英文名：Sanchiang Tree Toad

别　称：绿蛤蟆、绿猴、雨呱呱、邦狗

【分类地位】无尾目 Anura　雨蛙科 Hylidae　雨蛙属 *Hyla*

【鉴别特征】眼后鼓膜上、下方两条深棕色线纹在肩部不相汇合；体侧后段、股前后、胫腹面有黑棕色斑点。

【模式产地】中国福建省武夷山市三港。

【生境与习性】生活于海拔 500~1 560 m 的山区稻田及其附近。白天多在土洞、石穴内或竹筒内，傍晚外出捕食叶甲虫、金龟子、蚁类以及高秆作物上的多种害虫。鸣声尤以晴朗的夜晚较多，鸣叫时前肢直立，发出"格阿、格阿"的连续鸣声，音低慢。繁殖期为 4—5 月。

【濒危和保护等级】无危（LC），浙江省重点物种。

【种群现状】中国特有种，一般。

三港雨蛙

三港雨蛙

三港雨蛙

三港雨蛙

北仑姬蛙 *Microhyla beilunensis* Zhang, Fei, Ye, Wang, et al., 2018

英文名：Beilun Pygmy Frog

别　称：北仑小雨蛙

【 分 类 地 位 】无尾目 Anura　姬蛙科 Microhylidae　姬蛙属 *Microhyla*

【 鉴 别 特 征 】体型小；趾端钝圆，除第一趾外具吸盘和纵沟；体背褐色或灰褐色，具有浅褐色边缘的深褐色斑纹；背侧皮肤粗糙且具有密集的疣粒，身体后部腹面、泄殖腔区及后肢具痣粒。

【 模 式 产 地 】中国浙江省宁波市北仑区。

【 生 境 与 习 性 】该蛙分布于海拔 1 400 m 的山区，生活于水坑、池塘及临近的草丛、地洞和泥坑中；在野外，3 月下旬可听到雄性个体的鸣叫，4 月初可见小蝌蚪。繁殖期估计在 3—4 月。

【濒危和保护等级】数据缺乏（DD）。

【 种 群 现 状 】中国特有种，一般。

北仑姬蛙

北仑姬蛙

北仑姬蛙

北仑姬蛙

饰纹姬蛙 *Microhyla fissipes* Boulenger, 1884

英文名：Ornamented Pygmy Frog

别　　称：犁头拐、土地公蛙、小雨蛙

【分 类 地 位】无尾目 Anura　姬蛙科 Microhylidae　姬蛙属 *Microhyla*

【鉴 别 特 征】趾间具蹼迹；指、趾末端圆而无吸盘及纵沟；背部有两个前后相连续的深棕色"∧"形斑，或者在第一个"∧"形斑后面有一个"∧"形斑。

【模 式 产 地】中国台湾。

【生 境 与 习 性】生活于海拔 1 400 m 以下的平原、丘陵和山地的泥窝或土穴内，或在水域附近的草丛中。雄蛙鸣声低沉而慢，如"嘎、嘎、嘎、嘎"的鸣叫声；主要以蚁类为食。繁殖期为 3—8 月。

【濒危和保护等级】无危（LC）。

【种 群 现 状】常见。

饰纹姬蛙

饰纹姬蛙

饰纹姬蛙

饰纹姬蛙

小弧斑姬蛙 *Microhyla heymonsi* Vogt, 1911

英文名：Arcuate-spotted Pygmy Frog

别　　称：黑蒙西氏小雨蛙

【 分 类 地 位 】无尾目 Anura　姬蛙科 Microhylidae　姬蛙属 *Microhyla*

【 鉴 别 特 征 】背腹面皮肤光滑，背面散有细痣粒；在背部脊线上有一对或两对黑色弧形斑。

【 模 式 产 地 】中国台湾甲仙。

【 生 境 与 习 性 】常栖息于 70~1 515 m 的山区稻田、水坑边、沼泽泥窝、土穴或草丛中。雄性能发出低而慢的"嘎、嘎"鸣叫声。捕食昆虫和蛛形纲等小动物。繁殖期为 5—6月，部分地区可到 9 月。

【濒危和保护等级】无危（LC）。

【 种 群 现 状 】常见。

小弧斑姬蛙

小弧斑姬蛙

小弧斑姬蛙

泽陆蛙 *Fejervarya multistriata* (Hallowell, 1861)

英文名：Hong Kong Rice-paddy Frog

别　称：梆声蛙、乌蟆、虾蟆仔、泥噶度、噶度、狗污田鸡

【 分 类 地 位 】无尾目 Anura　叉舌蛙科 Dicroglossidae　陆蛙属 *Fejervarya*

【 鉴 别 特 征 】背部皮肤粗糙，体背面有数行长短不一的纵肤褶；上下唇缘有棕黑色纵纹，四肢背面各节有棕色横斑 2~4 条。与海陆蛙相似，但本种体长小于 60 mm；第五趾无缘膜或极不明显；有外蹠突；雄蛙有单咽下外声囊。

【 模 式 产 地 】中国香港大屿山汲水门。

【 生 境 与 习 性 】生活于平原、丘陵和海拔 2 000 m 以下山区的稻田、沼泽、水塘、水沟等静水域或其附近的旱地草丛中。昼夜活动，主要在夜间觅食。繁殖期为 4—9 月，4 月中旬至 5 月中旬、8 月上旬至 9 月为产卵盛期。

【濒危和保护等级】无危（LC）。

【 种 群 现 状 】常见。

泽陆蛙

泽陆蛙

泽陆蛙

泽陆蛙

虎纹蛙 *Hoplobatrachus chinensis* (Osbeck, 1765)

英文名：Chinese Tiger Frog

别　称：水鸡、青鸡、虾蟆、田鸡

【分类地位】无尾目 Anura　叉舌蛙科 Dicroglossidae　虎纹蛙属 *Hoplobatrachus*

【鉴别特征】体型硕大，体长可达 100 mm 以上；体背面粗糙，多为黄绿色或灰棕色，散有不规则的深绿褐色斑纹；下颌前侧方有两个骨质齿状突；鼓膜明显；雄蛙声囊内壁黑色。

【模式产地】中国广东省广州市。

【生境与习性】生活于海拔 20~1 120 m 的山区、平原、丘陵地带的稻田、鱼塘、水坑和沟渠内。昼伏夜出，跳跃能力很强，稍有响动即迅速跳入深水中。成蛙捕食各种昆虫，也捕食蝌蚪、小蛙等。雄性鸣声如犬吠。在静水内繁殖，繁殖期为 3 月下旬至 8 月中旬。

【濒危和保护等级】濒危（EN），国家二级重点保护野生动物。

【种群现状】稀少。

虎纹蛙

虎纹蛙

虎纹蛙

虎
纹
蛙

福建大头蛙 *Limnonectes fujianensis* Ye and Fei, 1994

英文名：Fujian Large-headed Frog

别　称：福建脆皮蛙

【 分 类 地 位 】无尾目 Anura　叉舌蛙科 Dicroglossidae　大头蛙属 *Limnonectes*

【 鉴 别 特 征 】雄性头大，与版纳大头蛙相近，但本种体型较小；背面大疣多，呈圆形或长圆形，眼后和颞褶上方有一条明显的长腺褶；趾间约为半蹼，即第四趾两侧蹼的凹陷处不超过第二关节下瘤；第一趾较短，趾端仅达第二趾近端关节下瘤。

【 模 式 产 地 】中国福建省武夷山市龙都。

【 生 境 与 习 性 】生活于海拔 600~1 100 m 的山区，以海拔 700 m 左右数量较多。成蛙常栖息于路边和田间排水沟的小水坑或浸水塘内，白天多隐蔽在落叶或杂草间，行动较迟钝。繁殖期较长，5 月可见卵群、幼期和变态期蝌蚪及幼蛙。

【濒危和保护等级】近危（NT）。

【 种 群 现 状 】中国特有种，稀少。

福建大头蛙

福建大头蛙

福建大头蛙

九龙棘蛙 *Quasipaa jiulongensis* (Huang and Liu, 1985)

英文名：Jiulong Spiny Frog

别　称：靠坑子、小跳鱼

【分 类 地 位】无尾目 Anura　叉舌蛙科 Dicroglossidae　棘蛙属 *Quasipaa*

【鉴 别 特 征】本种与棘胸蛙相近，但本种体背面两侧各有 4~5 个黄色斑点，排列成纵行；体腹部有褐色虫纹斑；胫跗关节前达吻端；雄性胸部锥状角质刺大而稀疏。

【模 式 产 地】中国浙江省遂昌县九龙山。

【生 境 与 习 性】生活于海拔 800~1 200 m 山区的小型溪流中，溪旁树木茂密。白天成蛙隐伏在溪流水坑内石块下或石缝、石洞里；晚上出来活动，行动十分敏捷，跳跃迅速。每年 5—10 月活动频繁，捕食昆虫、小蟹及其他小动物。冬季以单个或几个成蛙蛰伏于溪流水潭内的石块下越冬。繁殖期大致在活动频繁期间。

【濒危和保护等级】易危（VU），浙江省重点物种。

【种 群 现 状】中国特有种，一般。

九龙棘蛙

九龙棘蛙

九龙棘蛙

棘胸蛙 *Quasipaa spinosa* (David, 1875)

英文名：Giant Spiny Frog

别　称：石鸡、棘蛙、石鳞、石蛙、石蛤等

【分 类 地 位】无尾目 Anura　叉舌蛙科 Dicroglossidae　棘蛙属 *Quasipaa*

【鉴 别 特 征】体型甚肥硕；外形与棘侧蛙相似，但棘胸蛙的胸部每个肉质疣上仅一枚小黑刺；体侧无刺疣，背面、体侧皮肤不十分粗糙。

【模 式 产 地】中国福建省武夷山市挂墩。

【生 境 与 习 性】生活于海拔 600~1 500 m 林木繁茂的山溪内。白天多隐藏在石穴或土洞中，夜间多蹲在岩石上。捕食多种昆虫、溪蟹、蜈蚣、小蛙等。繁殖期为 5—9 月。

【濒危和保护等级】易危（VU），浙江省重点物种。

【种 群 现 状】中国特有种，一般。

棘胸蛙

棘胸蛙

棘胸蛙

棘胸蛙

崇安湍蛙 *Amolops chunganensis* (Pope, 1929)

英文名：Chungan Torrent Frog

别　称：暂无

【 分 类 地 位 】无尾目 Anura　蛙科 Ranidae　湍蛙属 *Amolops*

【 鉴 别 特 征 】外形特征与山湍蛙相近似。体小；吻较长，约为体长的 15%；第三指吸盘小于鼓膜；颞褶不显；背侧褶较窄。

【 模 式 产 地 】中国福建省武夷山市挂墩。

【 生 境 与 习 性 】生活于海拔 700~1 800 m 林木繁茂的山区。非繁殖期间分散栖息于林间；繁殖期为 5—8 月，期间进入溪流，入溪时间因地而异，四川为 6—8 月，浙江为 5—6 月。

【濒危和保护等级】无危（LC），浙江省重点物种。

【 种 群 现 状 】中国特有种，罕见。

崇安湍蛙

崇安湍蛙

崇安湍蛙

华南湍蛙 *Amolops ricketti* (Boulenger, 1899)

英文名：South China Torrent Frog

别　称：梆梆、石蛙

【分 类 地 位】无尾目 Anura　蛙科 Ranidae　湍蛙属 *Amolops*

【鉴 别 特 征】本种与武夷湍蛙相似。华南湍蛙有犁骨齿；雄性第一指具粗壮的乳白色婚刺，无声囊。

【模 式 产 地】中国福建省武夷山市挂墩。

【生 境 与 习 性】生活于海拔 410~1 500 m 的山溪内或其附近。昼伏夜出，胆小。成蛙捕食蝗虫、蟋蟀、金龟子等多种昆虫及其他小动物。繁殖期为 5—6 月。

【濒危和保护等级】无危（LC）。

【种 群 现 状】稀少。

华南湍蛙

武夷湍蛙 *Amolops wuyiensis* (Liu and Hu, 1975)

英文名：Wuyi Torrent Frog

别　称：黏搭子、岩搭子

【分 类 地 位】无尾目 Anura　蛙科 Ranidae　湍蛙属 *Amolops*

【鉴 别 特 征】本种与华南湍蛙相似。武夷湍蛙无犁骨齿；雄蛙第一指上具棕黑色婚刺，有一
　　　　　　　　对咽侧下内声囊。

【模 式 产 地】中国福建省武夷山市三港。

【生 境 与 习 性】生活于海拔 100~1 300 m 较宽的溪流内或其附近，溪流两岸乔木、灌丛和杂草
　　　　　　　　茂密。成蛙白昼隐蔽在溪边石穴内，夜间攀附在岸边石上或岩壁上。捕食昆虫、
　　　　　　　　小螺等小动物。繁殖季节在 5—6 月。

【濒危和保护等级】无危（LC）。

【种 群 现 状】中国特有种，常见。

武夷湍蛙

武夷湍蛙

武夷湍蛙

武夷湍蛙

天台粗皮蛙 *Glandirana tientaiensis* (Chang, 1933)

英文名：Tientai Rough-skinned Frog

别　称：暂无

【 分 类 地 位 】无尾目 Anura　蛙科 Ranidae　腺蛙属 *Glandirana*

【 鉴 别 特 征 】背部疣粒略呈圆形，排列很不规则；吻端钝圆；后肢前伸贴体时胫跗关节达鼓膜；左、右跟部不相遇；有指基下瘤；第四趾蹼达趾端。

【 模 式 产 地 】中国浙江省天台县。

【 生 境 与 习 性 】生活于海拔 100~600 m 的丘陵或山区，成蛙多栖息在较开阔的溪流岸边，少数生活于溪流附近的静水塘内。白天隐匿在岸边石隙和泥土内，傍晚分散蹲在溪边石块上。繁殖期为 6—7 月。

【濒危和保护等级】近危（NT），浙江省重点物种。

【 种 群 现 状 】中国特有种，稀少。

天台粗皮蛙

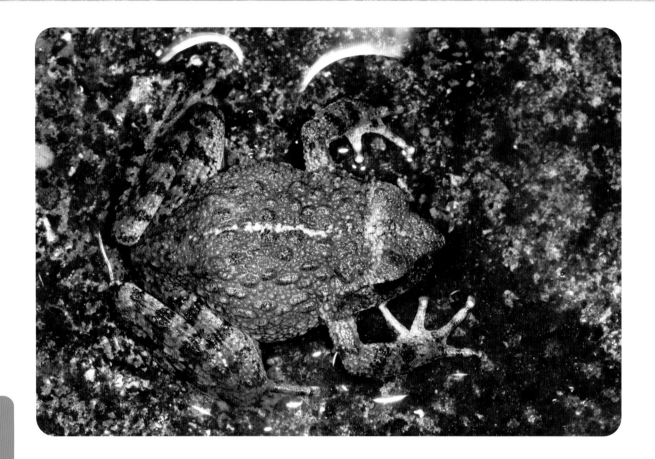

天台粗皮蛙

天台粗皮蛙

沼水蛙 *Hylarana guentheri* (Boulenger, 1882)

英文名：Guenther's Frog

别　称：沼蛙

【 分 类 地 位 】无尾目 Anura　蛙科 Ranidae　水蛙属 *Hylarana*

【 鉴 别 特 征 】指端没有腹侧沟；雄蛙前肢基部有肱腺；有一对咽侧下外声囊。蝌蚪体背、腹面均无腺体。

【 模 式 产 地 】中国福建省厦门市。

【 生 境 与 习 性 】生活于海拔 1 100 m 以下的平原或丘陵和山区，成蛙多栖息于稻田、池塘或水坑内，常隐蔽在水生植物丛间、土洞或杂草丛中，捕食以昆虫为主，还觅食蚯蚓、田螺以及幼蛙等。繁殖期为 5—6 月。

【濒危和保护等级】无危（LC），浙江省重点物种。

【 种 群 现 状 】常见。

沼水蛙

沼水蛙

沼水蛙

沼水蛙

阔褶水蛙 *Hylarana latouchii* (Boulenger, 1899)

英文名：Broad-folded Frog

别　称：阔褶蛙

【 分 类 地 位 】无尾目 Anura　蛙科 Ranidae　水蛙属 *Hylarana*

【 鉴 别 特 征 】背侧褶宽厚，其宽度大于或等于上眼睑宽，褶间距窄；颌腺明显。

【 模 式 产 地 】中国福建省武夷山市。

【 生 境 与 习 性 】生活于海拔 30~1 500 m 的平原、丘陵和山区。成蛙常栖于山旁水田、水池、水沟附近，很少在山溪内。白天隐匿在草丛或石穴中，主要捕食昆虫和多种小动物。繁殖期为 3—5 月。

【濒危和保护等级】无危（LC）。

【 种 群 现 状 】中国特有种，一般。

阔褶水蛙

阔褶水蛙

阔褶水蛙

弹琴蛙 *Nidirana adenopleura* (Boulenger, 1909)

英文名：East China Music Frog

别　　称：弹琴水蛙、腹斑蛙

【 分 类 地 位 】无尾目 Anura　蛙科 Ranidae　琴蛙属 *Nidirana*

【 鉴 别 特 征 】第二、第三指内外侧缘膜明显，趾间具半蹼，第四趾外侧蹼几乎达到第二关节下瘤；指端膨大，一般均有腹侧沟；雄蛙有肩上腺，鸣声"gi、gi、gi"，由2~3声组成。

【 模 式 产 地 】中国台湾南投。

【 生 境 与 习 性 】生活于海拔30~1 800 m山区的梯田、水草地、水塘。成蛙白昼隐匿于石缝间，阴雨天夜间外出活动较多，有的在洞口或草丛中鸣叫，"gi、gi、gi"由2~3声组成，鸣声低沉。该蛙捕食多种昆虫、蚂蟥、蜈蚣等。繁殖期4—7月。

【濒危和保护等级】无危（LC）。

【 种 群 现 状 】中国特有种，常见。

弹琴蛙

弹琴蛙

弹琴蛙

弹琴蛙

小竹叶蛙 *Odorrana exiliversabilis* Li, Ye, and Fei, 2001

英文名：Fujian Bamboo-leaf Frog

别　称：暂无

【分 类 地 位】无尾目 Anura　蛙科 Ranidae　臭蛙属 *Odorrana*

【鉴 别 特 征】与竹叶蛙相似，但本种体型小，雄蛙体长 48 mm 左右，雌蛙体长 58 mm 左右；头部适中，不显窄长；吻部不呈盾状；吻端钝圆，略突出下唇；趾间全蹼，蹼缘凹陷较深，第一、第五趾外侧线所形成的夹角小于 90°；雄蛙前臂较细，其宽约为前臂及手长的 18%；背侧褶细窄。

【模 式 产 地】中国福建省建阳区黄坑镇。

【生 境 与 习 性】生活于海拔 600~1 525 m 森林茂密的山区。成蛙栖息在大、小山溪内，白天常蹲在瀑布下深水凼两侧的大石上或在缓流处岸边。夜间常攀缘在溪边陡峭的崖壁上。繁殖期未知。

【濒危和保护等级】近危（NT）。

【种 群 现 状】中国特有种，稀少。

小竹叶蛙

小竹叶蛙

小竹叶蛙

大绿臭蛙 *Odorrana graminea* (Boulenger, 1900)

英文名：Large Odorous Frog

别　称：暂无

【　分 类 地 位　】无尾目 Anura　蛙科 Ranidae　臭蛙属 *Odorrana*

【　鉴 别 特 征　】体背面纯绿色，有背侧褶，雌蛙成体明显大于雄蛙，雄蛙咽侧有外声囊 1 对。

【　模 式 产 地　】中国海南省五指山市。

【　生 境 与 习 性　】生活于海拔 450~1 200 m 森林茂密的大中型山溪及其附近。溪流内大小石头甚多，环境极为阴湿，石上长有苔藓等植物。成蛙白昼多隐匿于溪流岸边石下或在附近的密林里落叶间；夜间多蹲在溪内露出水面的石头上或溪旁岩石上。繁殖期为 5—6 月。

【濒危和保护等级】无危（LC），浙江省重点物种。

【　种 群 现 状　】常见。

大绿臭蛙

大绿臭蛙

大绿臭蛙

天目臭蛙 *Odorrana tianmuii* Chen, Zhou, and Zheng, 2010

英文名：Tianmu Odorous Frog

别　称：暂无

【分类地位】无尾目 Anura　蛙科 Ranidae　臭蛙属 *Odorrana*

【鉴别特征】身体背面颜色变异大，多为鲜绿色；四肢背面浅褐色横纹宽窄不一，胫部横纹 4 或 5 条；雄性具 1 对咽侧下外声囊，第一指具乳白色婚垫。

【模式产地】中国浙江省杭州市临安区天目山。

【生境与习性】生活于海拔 200~800 m 丘陵山区的溪流中。其生态环境植被茂盛、阴湿，溪水平缓、水面开阔。与武夷湍蛙、华南湍蛙、大绿臭蛙和淡肩角蟾同域分布。繁殖期 7 月。

【濒危和保护等级】无危（LC），浙江省重点物种。

【种群现状】中国特有种，常见。

天目臭蛙

凹耳臭蛙 *Odorrana tormota* (Wu, 1977)

英文名：Concave-eared Torrent Frog

别　称：暂无

【 分 类 地 位 】无尾目 Anura　蛙科 Ranidae　臭蛙属 *Odorrana*

【 鉴 别 特 征 】背侧褶明显；鼓膜明显凹陷，雄蛙的几乎深陷成一外听道；有 1 对咽侧下外声囊。

【 模 式 产 地 】中国安徽省黄山市桃花溪。

【 生 境 与 习 性 】生活于海拔 150~700m 的山溪附近。白天隐匿在阴湿的土洞或石穴内；夜晚栖息在山溪两旁灌木枝叶、草丛的茎秆上或溪边石块上，繁殖期为 4—5 月。

【濒危和保护等级】易危（VU），浙江省重点物种。

【 种 群 现 状 】中国特有种，稀少。

凹耳臭蛙

凹耳臭蛙

黑斑侧褶蛙 *Pelophylax nigromaculatus* (Hallowell, 1861)

英文名：Black-spotted Pond Frog

别　称：青蛙、青鸡、青头蛤蟆、田鸡

【 分 类 地 位 】无尾目 Anura　蛙科 Ranidae　侧褶蛙属 *Pelophylax*

【 鉴 别 特 征 】背侧褶金黄色、浅棕色或黄绿色；自吻端沿吻棱至颞褶处有一条黑纹。

【 模 式 产 地 】日本。

【 生 境 与 习 性 】广泛生活于平原或丘陵的水田、池塘、湖沼区及海拔 2 200 m 以下的山地。成蛙在 10—11 月进入松软的土中或枯枝落叶下冬眠，翌年 3—5 月出蛰。食性广，昼伏夜出。繁殖期为 3 月下旬至 4 月。

【濒危和保护等级】近危（NT）。

【 种 群 现 状 】一般。

黑斑侧褶蛙

黑斑侧褶蛙

黑斑侧褶蛙

金线侧褶蛙 *Pelophylax plancyi* (Lataste, 1880)

英文名：Beijing Gold-striped Pond Frog

别　　称：暂无

【 分 类 地 位 】无尾目 Anura　蛙科 Ranidae　侧褶蛙属 *Pelophylax*

【 鉴 别 特 征 】趾间几乎满蹼；内蹠突极发达；背侧褶最宽处与上眼睑等宽；大腿后部云斑少，有清晰的黄色与酱色纵纹。雄蛙有 1 对咽侧内声囊。

【 模 式 产 地 】中国江西省九江市。

【 生 境 与 习 性 】生活于海拔 50~200 m 稻田区的池塘内。10 月下旬至翌年 4 月为冬眠期。食性广，昼伏夜出。繁殖期为 4—6 月。

【濒危和保护等级】无危（LC）。

【 种 群 现 状 】中国特有种，罕见。

高凡　摄

金线侧褶蛙

吴延庆 摄

吴延庆 摄

金线侧褶蛙

高凡 摄

吴延庆 摄

吴延庆 摄

金线侧褶蛙

镇海林蛙 *Rana zhenhaiensis* Ye, Fei, and Matsui, 1995

英文名：Zhenhai Brown Frog

别　称：暂无

【分 类 地 位】无尾目 Anura　蛙科 Ranidae　蛙属 *Rana*

【鉴 别 特 征】与峨眉林蛙近似，但体型相对较小，雄蛙体长 40~57 mm，雌蛙体长 36~60 mm；背侧褶在鼓膜上方略弯；雄蛙婚垫灰色。

【模 式 产 地】中国浙江省宁波市镇海区。

【生 境 与 习 性】生活于近海平面至海拔 1 800 m 的山区，所在环境植被较为繁茂，乔木、灌丛和杂草丛生。非繁殖期成蛙多分散在林间或杂草丛中活动，觅食多种昆虫及小动物。繁殖期为 12 月至翌年 4 月。

【濒危和保护等级】无危（LC）。

【种 群 现 状】中国特有种，一般。

镇海林蛙

镇海林蛙

镇海林蛙

镇海林蛙

布氏泛树蛙 *Polypedates braueri* (Vogt, 1911)

英文名：White-lipped Treefrog

别　　称：布氏树蛙

【分 类 地 位】无尾目 Anura　树蛙科 Rhacophoridae　泛树蛙属 *Polypedates*

【鉴 别 特 征】头部较宽，内蹠突大；头部皮肤与头骨分离或部分相连。

【模 式 产 地】中国台湾。

【生 境 与 习 性】常栖息在稻田、草丛或泥窝内，或在田埂石缝以及附近的灌木、草丛中。昼伏夜出，食性广。繁殖期 4—8 月。

【濒危和保护等级】无危（LC）。

【种 群 现 状】常见。

布氏泛树蛙

布氏泛树蛙

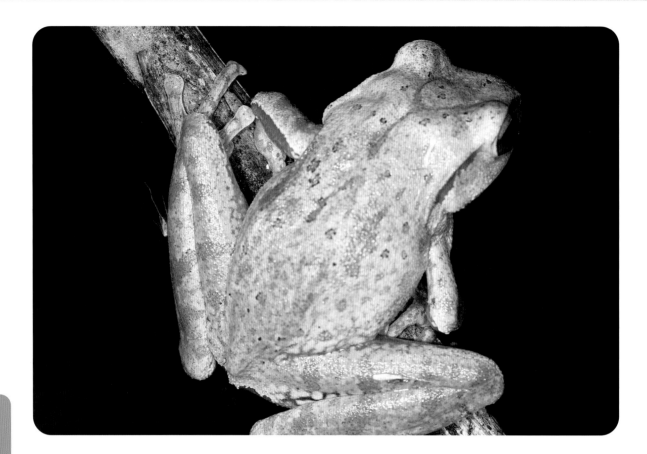

布氏泛树蛙

布氏泛树蛙

大树蛙 *Zhangixalus dennysi* (Blanford, 1881)

英文名：Large Treefrog

别　称：青搭

【 分 类 地 位 】无尾目 Anura　树蛙科 Rhacophoridae　张树蛙属 *Zhangixalus*

【 鉴 别 特 征 】体型大，雄蛙平均体长 81 mm，雌蛙体长 99 mm 左右；第三、第四指间半蹼；背面绿色，其上一般散有不规则的少数棕黄色斑点，体侧多有成行的乳白色斑点或缀连成乳白色纵纹；前臂后侧及跗部后侧均有一条较宽的白色纵线纹，分别延伸至第四指和第五趾外侧缘。

【 模 式 产 地 】中国。

【 生 境 与 习 性 】生活于海拔 80~800 m 山区的树林里或附近的田边、灌木及草丛中，偶尔也进入寺庙或山边住宅内。主要捕食金龟子、叩头虫、蟋蟀等多种昆虫及其他小动物。繁殖期为 4—5 月。

【濒危和保护等级】无危（LC），浙江省重点物种。

【 种 群 现 状 】一般。

大树蛙

大树蛙

大树蛙

大树蛙

浙江九龙山两栖动物名录
（2020 年）

两栖纲 **Amphibia**

有尾目 Caudata

    隐鳃鲵科 Cryptobranchidae Fitzinger, 1826

      大鲵属 *Andrias* Tschudi, 1837

        中国大鲵 *Andrias davidianus* (Blanchard, 1871)

    蝾螈科 Salamandridae Goldfuss, 1820

      肥螈属 *Pachytriton* Boulenger, 1878

        黑斑肥螈 *Pachytriton brevipes* (Sauvage, 1876)

      瘰螈属 *Paramesotriton* Chang, 1935

        中国瘰螈 *Paramesotriton chinensis* (Gray, 1859)（仅见于文献）

      蝾螈属 *Cynops* Tschudi, 1838

        东方蝾螈 *Cynops orientalis* (David, 1873)（仅见于文献）

无尾目 Anura

    角蟾科 Megophryidae Bonaparte, 1850

      掌突蟾属 *Leptobrachella* Smith, 1925

        福建掌突蟾 *Leptobrachella liui* (Fei and Ye, 1990)

      拟髭蟾属 *Leptobrachium* Tschudi, 1838

        崇安髭蟾 *Leptobrachium liui* (Pope, 1947)

      角蟾属 *Megophrys* Kuhl and Van Hasselt, 1822

        淡肩角蟾 *Megophrys boettgeri* (Boulenger, 1899)

        挂墩角蟾 *Megophrys kuatunensis* Pope, 1929

    蟾蜍科 Bufonidae Gray, 1825

      蟾蜍属 *Bufo* Garsault, 1764

        中华蟾蜍 *Bufo gargarizans* Cantor, 1842

      头棱蟾属 *Duttaphrynus* Frost, Grant, Faivovich, Bain, et al., 2006

        黑眶蟾蜍 *Duttaphrynus melanostictus* (Schneider, 1799)

雨蛙科 Hylidae Rafinesque, 1815

　雨蛙属 *Hyla* Laurenti, 1768

　　中国雨蛙 *Hyla chinensis* Günther, 1858

　　三港雨蛙 *Hyla sanchiangensis* Pope, 1929

姬蛙科 Microhylidae Günther, 1858（1843）

　姬蛙属 *Microhyla* Tschudi, 1838

　　北仑姬蛙 *Microhyla beilunensis* Zhang, Fei, Ye, Wang, et al., 2018
（2018 年新记录）

　　饰纹姬蛙 *Microhyla fissipes* Boulenger, 1884

　　小弧斑姬蛙 *Microhyla heymonsi* Vogt, 1911

叉舌蛙科 Dicroglossidae Anderson, 1871

　陆蛙属 *Fejervarya* Bolkay, 1915

　　泽陆蛙 *Fejervarya multistriata* (Hallowell, 1861)

　虎纹蛙属 *Hoplobatrachus* Peters, 1863

　　虎纹蛙 *Hoplobatrachus chinensis* (Osbeck, 1765)

　大头蛙属 *Limnonectes* Fitzinger, 1843

　　福建大头蛙 *Limnonectes fujianensis* Ye and Fei, 1994

　棘蛙属 *Quasipaa* Dubois, 1992

　　九龙棘蛙 *Quasipaa jiulongensis* (Huang and Liu, 1985)

　　棘胸蛙 *Quasipaa spinosa* (David, 1875)

蛙科 Ranidae Batsch, 1796

　湍蛙属 *Amolops* Cope, 1865

　　崇安湍蛙 *Amolops chunganensis* (Pope, 1929)（仅见于文献）

　　华南湍蛙 *Amolops ricketti* (Boulenger, 1899)

　　武夷湍蛙 *Amolops wuyiensis* (Liu and Hu, 1975)

　腺蛙属 *Glandirana* Fei, Ye, and Huang, 1990

　　天台粗皮蛙 *Glandirana tientaiensis* (Chang, 1933)

　水蛙属 *Hylarana* Tschudi, 1838

　　沼水蛙 *Hylarana guentheri* (Boulenger, 1882)

　　阔褶水蛙 *Hylarana latouchii* (Boulenger, 1899)

　琴蛙属 *Nidirana* Dubois, 1992

　　弹琴蛙 *Nidirana adenopleura* (Boulenger, 1909)

　臭蛙属 *Odorrana* Fei, Ye, and Huang, 1990

　　小竹叶蛙 *Odorrana exiliversabilis* Li, Ye, and Fei, 2001

　　大绿臭蛙 *Odorrana graminea* (Boulenger, 1900)

天目臭蛙 *Odorrana tianmuii* Chen, Zhou, and Zheng, 2010

凹耳臭蛙 *Odorrana tormota* (Wu, 1977)（2018 年新记录）

侧褶蛙属 *Pelophylax* Fitzinger, 1843

黑斑侧褶蛙 *Pelophylax nigromaculatus* (Hallowell, 1861)

金线侧褶蛙 *Pelophylax plancyi* (Lataste, 1880)（仅见于文献）

蛙属 *Rana* Linnaeus, 1758

镇海林蛙 *Rana zhenhaiensis* Ye, Fei, and Matsui, 1995

树蛙科 Rhacophoridae Hoffman, 1932 (1858)

泛树蛙属 *Polypedates* Tschudi, 1838

布氏泛树蛙 *Polypedates braueri* (Vogt, 1911)

张树蛙属 *Zhangixalus* Li, Jiang, Ren, and Jiang, 2019

大树蛙 *Zhangixalus dennysi* (Blanford, 1881)

参考文献

陈智强，王远飞，樊晓丽，等，2018. 江苏宜兴发现凹耳臭蛙 [J]. 动物学杂志，53(6)：988–990.

陈智强，钟俊杰，冯磊，等，2020. 浙江九龙山发现北仑姬蛙新种群的两性异形 [J]. 动物学杂志，55(2)：178–188.

费梁，叶昌媛，江建平，2012. 中国两栖动物及其分布彩色图鉴 [M]. 北京：科学出版社 .

顾辉清，1980. 九龙山地区脊椎动物资源考察初步报告 [J]. 杭州师范大学学报：社会科学版 (S1)：59–65.

国家林业和草原局 农业农村部 . 国家重点保护野生动物名录 [EB/OL].（2021-02-05）[2021-02-07]. http://www.forestry.gov.cn/main/5461/20210205/122418860831352.html.

黄美华，1990. 浙江动物志 两栖类 爬行类 [M]. 杭州：浙江科学技术出版社 .

蒋志刚，江建平，王跃招，等，2016. 中国脊椎动物红色名录 [J]. 生物多样性，24 (5)：500–551.

九龙山国家级自然保护区志编纂委员会，2013. 九龙山国家级自然保护区志 [M]. 北京：方志出版社 .

刘宝和，1989. 九龙山两栖动物初步调查报告 [J]. 动物学杂志，24(5)：17–19.

张荣祖，1999. 中国动物地理 [M]. 北京：科学出版社 .

浙江省林业厅 . 浙江省重点保护陆生野生动物名录 [EB/OL].（2016-03-2）[2021-02-05]. http://www.zjly.gov.cn/art/2016/3/2/art_1275952_4795065.html.

郑伟成，曹志浩，郑子洪，等，2020. 浙江丽水白云山与九龙山两栖动物多样性时空分布的比较 [J]. 生态与农村环境学报，36(6): 697–705.

Chen Z Q, Tang Y, Wang Y Y, et al., 2020. Species diversity and elevational distribution of amphibians in the Xianxialing and Wuyishan Mountain Ranges, Southeastern China[J]. Asian Herpetological Research, 11（1）: 44–55.

Fei L, Ye C Y, Jiang J P, 2010. Progress and Prospects for Studies on Chinese Amphibians[J]. Asian Herpetological Research, 1(2): 64–85.

Frost D R. Amphibian species of the world: an online reference. Version 6.1. New York: American Museum of Natural History[EB/OL]. (2021-01-16)[2021-02-06]. http://research.amnh.org/herpetology/amphibia/index.php/.